Beatrice Otieno

O papel dos fungos no desenvolvimento e na simbiose das plantas

Beatrice Otieno

O papel dos fungos no desenvolvimento e na simbiose das plantas

O papel dos fungos no desenvolvimento e na simbiose das plantas

ScienciaScripts

Imprint
Any brand names and product names mentioned in this book are subject to trademark, brand or patent protection and are trademarks or registered trademarks of their respective holders. The use of brand names, product names, common names, trade names, product descriptions etc. even without a particular marking in this work is in no way to be construed to mean that such names may be regarded as unrestricted in respect of trademark and brand protection legislation and could thus be used by anyone.

Cover image: www.ingimage.com

This book is a translation from the original published under ISBN 978-3-659-75386-2.

Publisher:
Sciencia Scripts
is a trademark of
Dodo Books Indian Ocean Ltd. and OmniScriptum S.R.L publishing group

120 High Road, East Finchley, London, N2 9ED, United Kingdom
Str. Armeneasca 28/1, office 1, Chisinau MD-2012, Republic of Moldova, Europe
Managing Directors: Ieva Konstantinova, Victoria Ursu
info@omniscriptum.com

Printed at: see last page
ISBN: 978-620-3-50120-9

RESUMO

Os fungos desempenham um papel essencial no desenvolvimento das plantas e no equilíbrio ecológico, contribuindo para o ciclo de nutrientes, a promoção do crescimento e a resistência ao stress ambiental. Este manuscrito examina as interações complexas entre fungos e plantas, centrando-se nas relações mutualistas que facilitam a absorção de nutrientes, melhoram o crescimento das plantas e proporcionam resistência às doenças.

As associações micorrízicas, especialmente as micorrizas arbusculares e as ectomicorrizas, ilustram os benefícios mútuos que as plantas recebem através da troca de nutrientes e da melhoria da saúde do solo (Smith & Read, 2008). Os fungos endofíticos contribuem ainda para a sobrevivência das plantas, habitando os tecidos internos, aumentando a tolerância ao stress e protegendo contra agentes patogénicos (Arnold, 2007). Os fungos também produzem hormonas que promovem o crescimento, como as auxinas, ajudando o desenvolvimento das plantas em condições adversas (Harman, 2006).

Os fungos patogénicos apresentam desafios, uma vez que invadem as plantas, perturbando os processos celulares e afectando a produtividade agrícola (Agrios, 2005). No entanto, os avanços na investigação sobre fungos abriram novos caminhos para a agricultura sustentável, onde os fungos micorrízicos são utilizados como bioinoculantes, melhorando o rendimento das culturas e a recuperação dos solos. Os estudos moleculares continuam a aprofundar a nossa compreensão do papel genético dos fungos na simbiose das plantas, identificando expressões genéticas específicas envolvidas nestas interações (Martin et al., 2008).

Este manuscrito sintetiza a investigação sobre a classificação dos fungos, os mecanismos de simbiose, os benefícios do mutualismo, a melhoria da defesa das plantas e as aplicações biotecnológicas na agricultura. Ao reconhecer os papéis multifacetados dos fungos nos ecossistemas, destacamos as futuras vias de investigação destinadas a maximizar as contribuições dos fungos para a agricultura sustentável, a resiliência climática e a conservação da biodiversidade vegetal.

INTRODUÇÃO

Os fungos são organismos vitais em vários ecossistemas, particularmente devido às suas relações simbióticas com as plantas, que desempenham um papel fundamental na promoção do crescimento, resiliência e saúde das plantas. Estas relações vão desde interações mutualistas, que beneficiam ambos os organismos, a interações patogénicas, em que os fungos podem ter um impacto negativo nas plantas (Smith & Read, 2008). As associações micorrízicas, as interações endofíticas e até as dinâmicas patogénicas ilustram a influência diversa e significativa que os fungos exercem na vida das plantas. Estas interações não são apenas cruciais nos ecossistemas naturais, mas também têm uma importância substancial na agricultura, silvicultura e práticas de conservação, sublinhando a necessidade de compreender e aproveitar estas relações para o desenvolvimento sustentável. Os fungos e as plantas co-evoluíram ao longo de milhões de anos, formando parcerias altamente especializadas que facilitam a troca de nutrientes, aumentam a resistência ao stress e permitem que as plantas prosperem em diversos ambientes (Tedersoo et al., 2014).

Os fungos micorrízicos, que se associam às raízes das plantas, representam um dos exemplos mais bem estudados desta relação. Estes fungos melhoram a absorção pela planta de nutrientes essenciais, como o fósforo e o azoto, o que os torna fundamentais para

agricultura e silvicultura (Smith & Smith, 2011). Os fungos micorrízicos arbusculares (FMA) e os fungos ectomicorrízicos (FME) são dois tipos primários de fungos micorrízicos que proporcionam benefícios únicos às espécies de plantas, aumentando a sua absorção de nutrientes e a sua tolerância às pressões ambientais. Os fungos endofíticos, por outro lado, vivem nos tecidos das plantas sem causar doenças, oferecendo um tipo distinto de interação que pode melhorar o crescimento da planta hospedeira e a tolerância ao stress (Arnold, 2007). Ao colonizar raízes, caules e folhas, os endófitos oferecem resistência a stresses abióticos como a seca e o calor, ao mesmo tempo que protegem contra agentes patogénicos, uma caraterística que tem levado a um interesse crescente na sua potencial aplicação na agricultura e na adaptação ao clima (Rodriguez et al., 2009).

Apesar dos benefícios proporcionados por muitos fungos, os fungos patogénicos também desempenham um papel significativo nos ecossistemas vegetais, causando frequentemente doenças que podem resultar em perdas agrícolas substanciais. Os fungos patogénicos infectam as plantas através de vários mecanismos, invadindo os tecidos vegetais e perturbando os processos celulares, levando a sintomas que podem afetar gravemente a saúde e a produtividade das plantas (Agrios, 2005). Alguns agentes patogénicos fúngicos bem conhecidos incluem Phytophthora, que causa a podridão radicular, e Botrytis cinerea, responsável pela doença do bolor cinzento. Estes agentes patogénicos levaram a um maior enfoque no desenvolvimento de estratégias de gestão e controlo eficazes, incluindo controlos biológicos e variedades de plantas resistentes (Fisher et al., 2012). A investigação sobre as interações fungo-planta avançou consideravelmente com o advento das técnicas de biologia molecular e genómica, permitindo aos cientistas desvendar as vias específicas e as expressões genéticas que facilitam estas relações simbióticas (Martin et al., 2008). Ao compreender estes mecanismos, os investigadores estão a trabalhar no sentido de aumentar os efeitos benéficos dos fungos no crescimento das plantas, ao mesmo tempo que atenuam os riscos colocados pelos fungos patogénicos. Por exemplo, estudos demonstraram que os fungos micorrízicos podem desencadear uma resistência sistémica induzida nas plantas, um mecanismo de defesa que prepara as plantas para se defenderem de potenciais agentes patogénicos (Pozo & Azcón-Aguilar, 2007). Este conhecimento é fundamental para a integração dos fungos em práticas agrícolas sustentáveis, onde os bioinoculantes e os biocontrolos são utilizados para reduzir a dependência de fertilizantes químicos e pesticidas. À luz dos desafios globais, como a segurança alimentar e as alterações climáticas, os fungos oferecem soluções promissoras para a agricultura sustentável e a conservação dos ecossistemas. Os fungos micorrízicos, por exemplo, são cada vez mais utilizados como biofertilizantes, ajudando a melhorar a saúde do solo, aumentar o rendimento das culturas e reduzir os insumos agrícolas (Gianinazzi et al., 2010). Além disso, os fungos endofíticos são explorados pelo seu potencial para ajudar as plantas a adaptarem-se a condições ambientais extremas, constituindo uma ferramenta valiosa no contexto da resiliência climática (Rodriguez et al., 2009). No entanto, para aproveitar plenamente estes benefícios, é necessária mais investigação para compreender os mecanismos subjacentes e otimizar as aplicações dos fungos para diferentes culturas e condições ambientais. Em resumo, os fungos são parte integrante do desenvolvimento das plantas, influenciando o crescimento, a aquisição de nutrientes, a resistência ao stress e a gestão de doenças. As relações simbióticas entre fungos e plantas são complexas e multifacetadas, proporcionando vários benefícios ecológicos e agrícolas. Este manuscrito investiga os tipos de fungos envolvidos nas interações com as plantas, os mecanismos através dos quais influenciam o desenvolvimento das plantas e as potenciais aplicações destas interações na promoção de sistemas agrícolas sustentáveis e resilientes.

CLASSIFICAÇÃO E TIPOS DE FUNGOS NAS INTERACÇÕES COM AS PLANTAS

Os fungos envolvidos nas interações com as plantas podem ser amplamente classificados em três categorias com base nos seus papéis funcionais: fungos micorrízicos, fungos endofíticos e fungos patogénicos. Cada tipo de fungo desempenha um papel distinto na saúde das plantas, no desenvolvimento e na dinâmica dos ecossistemas, influenciando os ciclos de nutrientes, o crescimento das plantas e os processos de doença.

Fungos micorrízicos

Os fungos micorrízicos são talvez o grupo de fungos simbióticos mais estudado devido às suas extensas associações com as raízes das plantas. Cerca de 80% de todas as espécies de plantas estão associadas a fungos micorrízicos, que formam redes que se estendem muito para além do alcance das raízes das plantas, aumentando assim a absorção de nutrientes (Smith & Read, 2008). Entre as associações micorrízicas, os fungos micorrízicos arbusculares (FMA) são os mais comuns, interagindo com cerca de 70% das plantas terrestres. Os FMA penetram nas células das raízes das plantas, formando estruturas chamadas arbúsculos que facilitam a troca de nutrientes, especialmente o fósforo, que é vital para o crescimento das plantas (Smith & Smith, 2011). Os fungos ectomicorrízicos (FEM), por outro lado, associam-se a certas espécies de árvores, como os carvalhos e os pinheiros, envolvendo a superfície da raiz sem penetrar nas células. Estes fungos são cruciais para a absorção de azoto, um elemento essencial para os ecossistemas florestais (Tedersoo et al., 2014). A simbiose micorrízica também influencia as relações planta-água, tornando as plantas mais resistentes em condições de seca ao melhorar a eficiência da absorção de água. Por exemplo, estudos demonstraram que os FMA podem aumentar a disponibilidade de água para as plantas hospedeiras, alargando o alcance do sistema radicular da planta (Aroca et al., 2008). Além disso, os fungos micorrízicos libertam enzimas que decompõem a matéria orgânica, contribuindo para a ciclagem de nutrientes e para a saúde do solo, o que, por sua vez, beneficia o crescimento das plantas.

Fungos endofíticos

Os fungos endofíticos residem nos tecidos das plantas vivas sem causar doenças. Estes fungos podem habitar raízes, caules ou folhas e formar relações simbióticas que aumentam a tolerância das plantas ao stress ambiental e aos agentes patogénicos (Arnold, 2007). Os endófitos melhoram a resistência das plantas hospedeiras a stresses abióticos como a seca, a salinidade e o calor, uma caraterística cada vez mais valorizada na agricultura à medida que as condições climáticas flutuam (Rodriguez et al., 2009). Ao produzirem compostos bioactivos, os fungos endofíticos ajudam a defender as plantas contra agentes patogénicos microbianos, reduzindo assim a necessidade de pesticidas químicos. Por exemplo, certos endófitos produzem compostos antifúngicos e antibacterianos que protegem as suas plantas hospedeiras de infecções (Redman et al., 2002).

Fungos patogénicos

Os fungos patogénicos causam doenças nas plantas, conduzindo a perdas agrícolas significativas. Estes fungos utilizam vários mecanismos para invadir os tecidos das plantas, perturbar os processos metabólicos e causar sintomas que podem afetar o rendimento das culturas. Exemplos incluem Phytophthora infestans, o agente causador do míldio da batata, e Magnaporthe oryzae, responsável pela doença do míldio do arroz (Agrios, 2005). Os agentes patogénicos segregam normalmente enzimas e toxinas que quebram as paredes celulares das plantas, permitindo que as hifas dos fungos invadam e se espalhem. A compreensão destes mecanismos é fundamental para o desenvolvimento de estratégias eficazes de gestão de doenças, tais como variedades de plantas resistentes ou fungicidas direcionados (Fisher et al., 2012).

O impacto dos fungos patogénicos na agricultura tem impulsionado a investigação sobre as opções de controlo biológico. Os agentes de biocontrolo, incluindo os fungos não patogénicos, podem inibir o crescimento dos agentes patogénicos competindo por nutrientes ou libertando compostos antagonistas. Por exemplo, as espécies de Trichoderma são normalmente utilizadas como agentes de biocontrolo na produção agrícola devido à sua capacidade de competir com os agentes patogénicos das plantas e de os suprimir (Harman, 2006). Em resumo, a classificação dos fungos nas interações com as plantas sublinha a diversidade das relações, que vão desde a simbiose benéfica à patogénese prejudicial. Ao explorar cada tipo, este manuscrito destaca os papéis intrincados que os fungos desempenham no desenvolvimento das plantas e no funcionamento do ecossistema.

MECANISMOS DE SIMBIOSE FÚNGICA NO DESENVOLVIMENTO DAS PLANTAS

Os fungos desempenham um papel crucial no desenvolvimento das plantas através de vários mecanismos, particularmente no contexto da simbiose micorrízica, do ciclo de nutrientes e das vias de sinalização. Esta secção explica como estes mecanismos facilitam a absorção de nutrientes, melhoram a saúde do solo e promovem uma comunicação eficaz entre os fungos e as plantas.

Simbiose micorrízica

Os fungos micorrízicos estabelecem relações mutualistas com as raízes das plantas, formando uma rede simbiótica que aumenta significativamente a absorção de nutrientes, especialmente o fósforo. O fósforo é um macronutriente vital necessário para numerosos processos fisiológicos nas plantas, incluindo a transferência de energia, a fotossíntese e a síntese de ácidos nucleicos (Smith & Smith, 2011). No entanto, o fósforo está frequentemente presente no solo em formas que não estão prontamente disponíveis para as plantas. Os fungos micorrízicos, particularmente os fungos micorrízicos arbusculares (FMA), aumentam a absorção de fósforo ao estenderem as suas redes de hifas no solo, aumentando a área de superfície efectiva para a absorção de nutrientes. Estas hifas podem aceder ao fósforo que está fora do alcance do sistema radicular da planta. O mecanismo de transferência de fósforo começa quando os FMA colonizam as raízes das plantas e penetram nas células corticais da raiz, formando estruturas especializadas chamadas arbúsculos. Estes arbúsculos facilitam a troca de nutrientes entre o fungo e a planta. A planta fornece ao fungo hidratos de carbono produzidos através da fotossíntese, enquanto o fungo fornece fósforo e outros nutrientes essenciais (Smith & Read, 2008). Esta troca é mediada por vários transportadores localizados nas membranas das plantas e dos fungos, que permitem a transferência de fósforo das hifas dos fungos para as raízes das plantas. Além disso, os fungos micorrízicos aumentam a biodisponibilidade do fósforo através da secreção de ácidos orgânicos, fosfatases e outras enzimas que solubilizam o fósforo inorgânico no solo (Schiavon et al., 2017). Essas secreções transformam o fósforo insolúvel em formas que podem ser prontamente absorvidas pelas raízes das plantas. Estudos demonstraram que as associações micorrízicas podem levar a aumentos significativos no crescimento e na biomassa das plantas, particularmente em solos deficientes em fósforo (Van Der Heijden et al., 2008). Ao melhorarem a absorção de nutrientes, os fungos micorrízicos contribuem para o aumento da saúde das plantas, do seu vigor e da sua resistência às pressões ambientais.

Ciclo de nutrientes e saúde do solo

Os fungos desempenham um papel vital na decomposição da matéria orgânica, o que beneficia significativamente o crescimento das plantas, melhorando a estrutura do solo e a disponibilidade de nutrientes. Como organismos saprófitas, os fungos decompõem compostos orgânicos complexos em material vegetal morto, folhada e matéria orgânica do solo em formas mais simples que as plantas podem utilizar. Este processo de decomposição não só recicla nutrientes essenciais como o azoto, o fósforo e o enxofre, mas também aumenta a fertilidade do solo (Tedersoo et al., 2014). A decomposição de material orgânico por fungos ocorre através de processos enzimáticos. Os fungos produzem várias enzimas extracelulares, incluindo celulases, ligninases e proteases, que degradam os componentes da parede celular das plantas e outros substratos orgânicos. Por exemplo, os fungos de podridão branca podem decompor a lignina, um polímero complexo que é tipicamente resistente à degradação, libertando assim nutrientes ligados de volta ao solo (Harris, 2015). Esta libertação de nutrientes é fundamental para manter a saúde e a fertilidade do solo, uma vez que assegura um fornecimento contínuo de elementos essenciais para a absorção pelas plantas.

Para além do ciclo de nutrientes, os fungos contribuem para melhorar a estrutura do solo. As hifas fúngicas unem as partículas do solo, criando agregados que aumentam a porosidade do solo, o arejamento e a retenção de água (Rillig, 2004). Esta estrutura melhorada do solo facilita a penetração das raízes e aumenta a infiltração da água, reduzindo o escoamento superficial e a erosão. Consequentemente, um solo bem estruturado promove um melhor desenvolvimento das raízes e o crescimento geral das plantas. Além disso, as relações simbióticas formadas entre os fungos micorrízicos e as raízes das plantas podem influenciar a composição do microbioma do solo. As redes micorrízicas podem facilitar a troca de nutrientes e sinais entre as plantas, aumentando a resiliência e a diversidade da comunidade (Rillig et al., 2015). Esta rede de interações sublinha o papel essencial que os fungos desempenham na manutenção de ecossistemas saudáveis e na promoção da produtividade das plantas.

Vias de transdução de sinais

O sucesso do estabelecimento da simbiose micorrízica depende de uma comunicação efectiva entre fungos e plantas, facilitada por vias complexas de transdução de sinais. Quando uma raiz de planta encontra um fungo micorrízico, inicia uma série de eventos de sinalização que permitem o reconhecimento e o estabelecimento da relação simbiótica (Plett & Martin, 2012). Esta comunicação é crucial para coordenar o crescimento e o desenvolvimento de ambos os parceiros. O reconhecimento inicial envolve a libertação de moléculas de sinalização tanto da planta como do fungo. Por exemplo, as plantas produzem estrigolactonas, que são exsudadas das raízes e promovem a germinação dos fungos e o crescimento das hifas (Akiyama et al., 2005). Em resposta, os fungos libertam efectores micorrízicos que aumentam a colonização das raízes e desencadeiam mecanismos de defesa das plantas.

O estabelecimento da associação micorrízica é acompanhado por alterações na expressão dos genes, tanto no fungo como na planta. Nas plantas, a colonização micorrízica desencadeia a expressão de genes específicos envolvidos no transporte de nutrientes, na sinalização e na resposta ao stress (García-Garrido & Ocampo, 2002). Do mesmo modo, os fungos micorrízicos regulam a expressão dos genes para otimizar a troca de nutrientes e as estratégias de colonização. Por exemplo, a investigação demonstrou que a presença de FMA pode regular positivamente os genes relacionados com os transportadores de fosfato nas raízes das plantas, facilitando a absorção de fósforo (Liu et al., 2014). Além disso, a interação entre os fungos micorrízicos e as plantas envolve a modulação de fitohormonas. Os fungos micorrízicos podem influenciar os níveis de auxinas, citocininas e outras hormonas de crescimento, que desempenham um papel fundamental no desenvolvimento das raízes e no crescimento das plantas (Harman, 2006). Esta interação hormonal é essencial para coordenar o desenvolvimento das estruturas radiculares, aumentando a capacidade da planta para absorver água e nutrientes. Em geral, as vias bioquímicas envolvidas na sinalização dos fungos para as raízes das plantas sublinham a complexidade das interações micorrízicas. Estas vias permitem que os fungos e as plantas coordenem os seus processos de crescimento e desenvolvimento, resultando, em última análise, numa melhor absorção de nutrientes e na saúde das plantas.

Mutualismo fungo-planta e promoção do crescimento das plantas

O mutualismo fungo-planta é caracterizado pelas relações benéficas que os fungos estabelecem com as plantas, promovendo significativamente o crescimento e o desenvolvimento das mesmas. Esta secção analisa a forma como os fungos contribuem para a absorção de nutrientes, aumentam a tolerância ao stress hídrico e produzem hormonas de crescimento que facilitam o crescimento das plantas.

Absorção e transporte de nutrientes

Os fungos desempenham um papel fundamental na melhoria da absorção e do transporte de nutrientes essenciais, em particular o azoto e o fósforo, nas plantas. Como já foi referido, os fungos micorrízicos alargam o alcance do sistema radicular, permitindo que as plantas absorvam nutrientes de um maior volume de solo. Esta relação simbiótica é particularmente benéfica em solos pobres em nutrientes, onde a presença de fungos micorrízicos pode melhorar drasticamente o estado nutricional das plantas (Van Der Heijden et al., 2008). Para além do fósforo, os fungos micorrízicos aumentam significativamente a absorção de azoto. O azoto é um macronutriente crucial necessário para a síntese de aminoácidos e para o crescimento geral das plantas. Os fungos micorrízicos ajudam na aquisição de azoto, interagindo com os microrganismos do solo que convertem o azoto atmosférico em formas utilizáveis pelas plantas. Estas interações facilitam a absorção de compostos orgânicos de azoto, nomeadamente através de transportadores de aminoácidos presentes nos tecidos dos fungos e das plantas (Nehls, 2008). Ao aumentar a disponibilidade de azoto, os fungos micorrízicos promovem um melhor crescimento das plantas e maiores rendimentos, particularmente em culturas que dependem de fertilizantes ricos em azoto. Além disso, estudos recentes indicaram que certos fungos micorrízicos possuem a capacidade de formar associações com bactérias fixadoras de azoto, tais como Frankia e Rhizobium, aumentando ainda mais o fornecimento de azoto às suas plantas hospedeiras (Hodge & Campbell, 2009). Esta relação sinérgica sublinha a importância dos fungos na criação de um ambiente mais rico em nutrientes para as plantas, contribuindo, em última análise, para o aumento da biomassa e da produtividade.

Tolerância ao stress hídrico

Os fungos também desempenham um papel crucial para ajudar as plantas a resistir ao stress hídrico, particularmente em condições de seca. Os fungos micorrízicos aumentam a absorção de água ao alargarem o alcance do sistema radicular no solo, aproveitando a humidade que pode não estar disponível apenas para a planta (Aroca et al., 2008). As extensas redes de hifas dos fungos micorrízicos permitem uma maior absorção de água, o que é particularmente benéfico durante períodos de precipitação limitada. A investigação demonstrou que as associações micorrízicas podem melhorar as relações hídricas das plantas através do aumento da condutância hidráulica das raízes. As hifas fúngicas não só aumentam a superfície disponível para a absorção de água, mas também facilitam o movimento da água através do solo, criando uma rede de água mais conectada (Hernández et al., 2014). Além disso, a presença de fungos micorrízicos pode levar a alterações na arquitetura das raízes, promovendo o desenvolvimento de sistemas radiculares mais profundos e extensos, o que aumenta ainda mais a capacidade da planta para aceder às reservas de água (Hodge, 2004). Os benefícios dos fungos micorrízicos na tolerância ao stress hídrico vão para além das plantas individuais. Nos ecossistemas, as redes micorrízicas podem ligar várias plantas, permitindo-lhes partilhar recursos hídricos e nutrientes durante períodos de stress. Esta interligação aumenta a resiliência das comunidades vegetais, particularmente em ambientes áridos e semi-áridos onde a disponibilidade de água é limitada (Simard et al., 1997). Assim, os fungos micorrízicos desempenham um papel fundamental na manutenção da saúde e da produtividade das plantas face à variabilidade climática.

Produção de hormonas de crescimento

Para além de aumentarem a absorção de nutrientes e água, certos fungos produzem hormonas de crescimento vegetal que promovem significativamente o crescimento das plantas. Foi demonstrado que fungos como Trichoderma e algumas espécies micorrízicas produzem fitohormonas como auxinas, giberelinas e citocininas, que desempenham papéis essenciais no desenvolvimento das plantas (Harman, 2006). As auxinas, por exemplo, são hormonas que regulam o alongamento celular, a iniciação das raízes e a morfologia geral das plantas. Fungos como Trichoderma produzem auxinas, que estimulam o desenvolvimento de raízes laterais e aumentam a área de superfície da raiz, aumentando assim a capacidade da planta de absorver água e nutrientes (Gravel et al., 2007). Este maior desenvolvimento radicular traduz-se numa melhor ancoragem e estabilidade para a planta, promovendo o crescimento mesmo em condições ambientais difíceis. As giberelinas, outra classe de hormonas, são conhecidas pelo seu papel na promoção do alongamento do caule, da germinação das sementes e da floração. Os fungos associados às plantas, especialmente certas espécies endofíticas e micorrízicas, podem sintetizar giberelinas que melhoram as taxas de germinação e aceleram o crescimento das plântulas. Foi demonstrado que a presença de giberelinas nas interações micorrízicas melhora a produção de biomassa e aumenta o rendimento das culturas, em especial das culturas de cereais (Bae et al., 2009). Este impulso ao crescimento mediado por hormonas é essencial para a produtividade agrícola, especialmente em zonas com solos pobres em nutrientes. As citocininas são outro grupo de hormonas que os fungos contribuem para os seus hospedeiros vegetais, promovendo a divisão celular e atrasando a senescência (envelhecimento) nos tecidos vegetais. As citocininas produzidas por fungos estimulam a divisão celular nas raízes das plantas, levando à formação de novas raízes e aumentando a área de superfície de absorção da planta (Vadassery et al., 2008). Este efeito é benéfico para prolongar a produtividade das culturas e aumentar a resistência geral das plantas a factores de stress, como pragas e agentes patogénicos.

Impacto dos fungos nos mecanismos de defesa das plantas

Os fungos desempenham um papel multifacetado no reforço dos mecanismos de defesa das plantas, tendo um impacto significativo na capacidade das plantas para resistir a agentes patogénicos e a stresses ambientais. Em particular, verificou-se que os fungos micorrízicos activam e reforçam as respostas de defesa das plantas através de vários mecanismos, tais como a resistência sistémica induzida (ISR), a produção de compostos antimicrobianos e o reforço das barreiras físicas nas células vegetais. Esta secção analisa estes mecanismos, ilustrando a forma como as associações de fungos contribuem para a resistência e saúde das plantas.

Resistência sistémica induzida (ISR)

A resistência sistémica induzida (ISR) é um mecanismo de defesa das plantas ativado por microrganismos benéficos, incluindo fungos micorrízicos. A ISR aumenta a capacidade da planta para resistir a um vasto espetro de agentes patogénicos, estimulando as suas respostas imunitárias. Este fenómeno é semelhante à imunização nos animais, onde a presença de certos fungos estimula a planta a preparar-se para potenciais ataques de agentes patogénicos (Pozo & Azcón-Aguilar, 2007). Quando os fungos micorrízicos colonizam as raízes das plantas, desencadeiam a ISR induzindo a produção de hormonas relacionadas com a defesa, tais como o ácido jasmónico e o etileno, que desempenham um papel fundamental na imunidade das plantas. O ácido jasmónico, em particular, ativa genes envolvidos na produção de proteínas e enzimas de defesa, reforçando a resposta da planta a futuros ataques. Além disso, os fungos micorrízicos podem aumentar a expressão de proteínas relacionadas com a patogénese (PR) nas plantas, que actuam como agentes de defesa contra uma série de agentes patogénicos microbianos (Pozo & Azcón- Aguilar, 2007). Estas proteínas PR ajudam as plantas a reconhecer e neutralizar os agentes patogénicos antes que estes possam causar danos significativos. A investigação demonstrou que as plantas com associações micorrízicas apresentam uma maior resistência aos agentes patogénicos em comparação com as plantas não micorrízicas (Jung et al., 2012). Este efeito é particularmente significativo nas culturas agrícolas, onde a colonização fúngica não só aumenta a produtividade como também minimiza a necessidade de pesticidas químicos. Ao tirar partido da ISR, as plantas ganham uma vantagem competitiva, uma vez que estão melhor equipadas para lidar com as pressões das doenças, minimizando os custos metabólicos associados à ativação imunitária constante.

Produção de compostos antimicrobianos

Uma das principais formas de contribuição dos fungos para a defesa das plantas é através da produção de compostos antimicrobianos. Estes compostos, produzidos por fungos micorrízicos e não micorrízicos, actuam como protectores naturais que inibem o crescimento de micróbios nocivos no ambiente imediato da planta. Os fungos micorrízicos, por exemplo, segregam compostos como fenólicos, terpenóides e alcalóides, que possuem propriedades antimicrobianas que podem deter ou eliminar potenciais agentes patogénicos (Shoresh et al., 2010). Estes compostos antimicrobianos criam uma barreira protetora à volta das raízes das plantas, limitando a colonização de organismos patogénicos. Para além da secreção externa, algumas espécies de fungos produzem enzimas que quebram as paredes celulares dos agentes patogénicos. A quitinase e a glucanase, por exemplo, são enzimas que degradam as paredes celulares de fungos e bactérias, impedindo assim a infeção das plantas hospedeiras (Harman, 2006). A libertação destas enzimas é crucial na supressão de agentes patogénicos transmitidos pelo solo, tornando os fungos um componente essencial na gestão natural da saúde das plantas. Estudos mostram que a produção de compostos antimicrobianos é frequentemente regulada em resposta a sinais específicos de agentes patogénicos. Por exemplo, certos fungos micorrízicos podem detetar padrões moleculares associados a agentes patogénicos (PAMPs) e responder aumentando a sua produção de substâncias antimicrobianas, impedindo eficazmente os agentes patogénicos de invadirem os tecidos das plantas (Hause & Fester, 2005). Este sistema de resposta dinâmico é fundamental para proteger as plantas de uma vasta gama de agentes patogénicos, especialmente em ambientes com elevada diversidade de agentes patogénicos. Além disso, os compostos antimicrobianos libertados pelos fungos não se limitam a proteger a planta hospedeira; também melhoram a saúde da comunidade vegetal circundante. A libertação destes compostos pode levar à supressão de doenças transmitidas pelo solo, beneficiando também as plantas vizinhas. Assim, a atividade antimicrobiana dos fungos contribui não só para a saúde individual das plantas, mas também para a estabilidade geral das comunidades vegetais em ecossistemas naturais e agrícolas.

Barreiras físicas reforçadas

Para além das defesas bioquímicas, os fungos contribuem para reforçar as barreiras físicas nos tecidos das plantas, aumentando a sua resistência à invasão de agentes patogénicos. Este processo envolve o reforço das paredes celulares das plantas, que funcionam como a primeira linha de defesa contra os agentes patogénicos. Quando os fungos micorrízicos colonizam as raízes das plantas, induzem modificações na composição da parede celular, incluindo a deposição de lignina, calose e suberina, que fortalecem as paredes celulares e as tornam mais resistentes à penetração de agentes patogénicos (Garcia-Garrido & Ocampo, 2002).

A lenhina é um polímero complexo que endurece a parede celular, dificultando a penetração dos agentes patogénicos. A produção de lignina é particularmente importante durante os ataques patogénicos, uma vez que restringe fisicamente o movimento dos agentes patogénicos nos tecidos das plantas. Do mesmo modo, a calose, um polissacárido, é depositada nos locais de entrada dos agentes patogénicos, selando eficazmente as áreas infectadas e impedindo a propagação do agente patogénico (Garcia-Garrido & Ocampo, 2002).

Os fungos micorrízicos também influenciam a produção de suberina, uma substância hidrofóbica que reforça a camada endodérmica da raiz, reduzindo o acesso dos agentes patogénicos ao sistema vascular da planta. Este reforço é especialmente crítico para a prevenção de doenças de podridão radicular, que são causadas por agentes patogénicos do solo que invadem as raízes das plantas. Ao reforçar estas barreiras físicas, os fungos micorrízicos reduzem a probabilidade de infeção e ajudam as plantas a manter a sua integridade estrutural. O reforço das barreiras físicas é complementado pela capacidade dos fungos de estimular a síntese de espécies reactivas de oxigénio (ROS) nas células vegetais. As ERO são moléculas que desempenham um papel na explosão oxidativa, uma resposta rápida à invasão de agentes patogénicos que danifica e mata os agentes patogénicos que tentam penetrar nos tecidos das plantas. Embora as ERO possam ser tóxicas para as células vegetais em grandes quantidades, os fungos micorrízicos ajudam a modular a produção de ERO, assegurando que esta se mantém a níveis que impedem eficazmente os agentes patogénicos sem causar danos à planta (Campos-Soriano et al., 2010). Em resumo, o papel dos fungos no reforço das defesas das plantas é multifacetado, abrangendo a ISR, a produção de compostos antimicrobianos e o reforço das barreiras físicas. Estes mecanismos permitem coletivamente que as plantas resistam a uma vasta gama de agentes patogénicos, reduzindo a dependência de intervenções químicas e contribuindo para a saúde sustentável das plantas em ecossistemas naturais e geridos.

FUNGOS ENDOFÍTICOS E ADAPTAÇÃO DAS PLANTAS AO STRESS AMBIENTAL

Os fungos endofíticos são fungos que vivem no interior dos tecidos das plantas sem causar danos, e desempenham um papel vital na adaptação das plantas a uma variedade de stresses ambientais. Estes fungos aumentam a tolerância das plantas a stresses abióticos (não vivos) e bióticos (vivos), permitindo que as plantas sobrevivam em condições extremas. Foi demonstrado que os fungos endofíticos melhoram a resistência das plantas à seca, à salinidade e a temperaturas elevadas, bem como as protegem de pragas e agentes patogénicos.

Tolerância ao stress abiótico

O stress abiótico, incluindo a seca, a salinidade e os extremos de temperatura, representa um desafio significativo para a sobrevivência das plantas. Os fungos endofíticos contribuem para a tolerância ao stress abiótico, melhorando as respostas fisiológicas e bioquímicas da planta a estes stresses (Rodriguez et al., 2009). Por exemplo, em condições de seca, os fungos endofíticos ajudam as plantas a manter o equilíbrio hídrico, aumentando o crescimento das raízes e melhorando a absorção de água. Uma forma de os endófitos conseguirem isto é promovendo a acumulação de osmoprotectores - compostos como a prolina e a glicina betaína que ajudam as plantas a reter água e a manter a integridade celular durante a seca (Marquez et al., 2007). Além disso, os endófitos podem aumentar a produção de antioxidantes, que protegem as plantas do stress oxidativo causado por temperaturas elevadas ou pela luz solar intensa. Ao neutralizar as espécies reactivas de oxigénio geradas sob stress, estes antioxidantes previnem os danos celulares e mantêm a vitalidade da planta. Em ambientes salinos, os fungos endofíticos ajudam as plantas a regular o equilíbrio iónico. O stress da salinidade causa normalmente um influxo de iões de sódio, que podem ser tóxicos para as plantas. Os endofíticos ajudam as plantas a gerir esta situação, melhorando a absorção selectiva de iões, aumentando os níveis de potássio e reduzindo a absorção de sódio (Khan et al., 2016). Este equilíbrio é fundamental para manter a função celular e garantir a sobrevivência das plantas em solos salinos.

Tolerância ao stress biótico

Os fungos endofíticos também fornecem proteção contra factores de stress biótico, tais como pragas e agentes patogénicos. Estes fungos podem produzir vários metabolitos secundários que são tóxicos para os herbívoros ou inibem o crescimento de organismos patogénicos, criando um ambiente protetor nos tecidos das plantas (Redman et al., 2002). Alguns endófitos produzem alcalóides e outros compostos que dissuadem os insectos herbívoros, reduzindo os danos causados à planta.

Esta relação mutualista permite que as plantas invistam mais recursos no crescimento e na reprodução do que na defesa. Além disso, os fungos endofíticos podem ativar os mecanismos de defesa da própria planta.

À semelhança da ISR induzida por fungos micorrízicos, os endófitos podem desencadear a resistência sistémica adquirida (SAR), uma resposta de defesa que prepara a planta para responder mais eficazmente aos ataques de agentes patogénicos (Saikkonen et al., 2013). A SAR envolve a ativação de genes relacionados com a defesa, levando à produção de proteínas PR e outros compostos defensivos. Esta resposta proporciona às plantas uma resistência a longo prazo contra uma vasta gama de agentes patogénicos, contribuindo para a saúde e produtividade das plantas.

Estudos demonstraram que os fungos endofíticos também podem aumentar a tolerância das plantas aos agentes patogénicos, alterando o microbioma da planta. Os endófitos competem com micróbios nocivos por recursos e espaço dentro da planta, reduzindo efetivamente a probabilidade de estabelecimento de agentes patogénicos.

Esta exclusão competitiva, combinada com a produção de compostos antimicrobianos, ajuda a manter uma comunidade microbiana equilibrada dentro da planta, promovendo a resiliência geral (Arnold et al., 2003). Em conclusão, os fungos endofíticos são aliados vitais para as plantas que enfrentam desafios ambientais. Através do apoio bioquímico e fisiológico, estes fungos permitem que as plantas prosperem em condições que de outra forma seriam prejudiciais. As interações mutualistas entre os endófitos e os seus hospedeiros vegetais representam uma área de investigação promissora com aplicações na agricultura e na conservação ambiental, oferecendo soluções sustentáveis para aumentar a resiliência e a produtividade das culturas.

FUNGOS PATOGÉNICOS E DINÂMICA DAS DOENÇAS DAS PLANTAS

Os fungos patogénicos são responsáveis por algumas das doenças mais significativas das plantas, afectando tanto as espécies vegetais selvagens como as cultivadas. Estes fungos podem invadir os tecidos das plantas, sequestrar processos celulares e, em última análise, levar a um crescimento reduzido, a perdas de rendimento das culturas e, em casos graves, à morte das plantas. Compreender os mecanismos pelos quais estes fungos causam doenças, o impacto que têm na agricultura e os métodos para os controlar é essencial para uma gestão eficaz das doenças das plantas.

Vias de doença e mecanismos de infeção

Os fungos patogénicos utilizam vários mecanismos de infeção para penetrar nos tecidos das plantas e estabelecer uma infeção bem sucedida. Normalmente, estes fungos invadem através de aberturas naturais, como os estomas, ou criando feridas na superfície da planta. Uma vez dentro, empregam estruturas especializadas, como apressórios e haustórios, para facilitar a entrada e adquirir nutrientes das células hospedeiras (Agrios, 2005). Os apressórios são estruturas especializadas de infeção utilizadas por muitos fungos, incluindo Magnaporthe oryzae, o agente causador da doença da explosão do arroz. Estas estruturas geram uma enorme pressão, permitindo que o fungo rompa fisicamente as paredes celulares da planta. Após a penetração, o fungo produz estruturas semelhantes a hifas que se estendem aos tecidos vegetais, permitindo a sua disseminação e a absorção de nutrientes das células circundantes (Ribeiro et al., 2020). Outra estrutura, o haustório, é utilizada por agentes patogénicos biotróficos obrigatórios como a Puccinia (fungos da ferrugem).

Os haustórios são invaginações que se formam no interior da célula vegetal sem romper a membrana plasmática do hospedeiro, permitindo ao agente patogénico aceder aos nutrientes da planta de forma furtiva, sem desencadear uma forte resposta imunitária (Panstruga & Dodds, 2009). Alguns patógenos fúngicos também produzem enzimas que degradam a parede celular da planta. Por exemplo, enzimas como as celulases, hemicelulases e pectinases quebram os componentes da parede celular, facilitando a entrada e o movimento dos fungos através dos tecidos da planta (Oeser et al., 2002). Para além das tácticas de invasão física e enzimática, muitos fungos patogénicos produzem toxinas que danificam as células vegetais, suprimem as respostas imunitárias ou interferem com as funções celulares. As espécies de Fusarium, que causam doenças como a murcha de Fusarium em várias culturas, produzem micotoxinas, incluindo fumonisinas e tricotecenos, que perturbam o metabolismo celular e desencadeiam a morte celular (Brown et al., 2012). Esta combinação de estratégias de invasão físicas, químicas e bioquímicas permite que os fungos patogénicos colonizem e explorem com sucesso as plantas hospedeiras.

Uma vez dentro da planta, os fungos manipulam as vias de sinalização do hospedeiro para evitar a deteção e suprimir as respostas imunitárias. Muitos fungos patogénicos segregam efectores - pequenas proteínas que interferem com os receptores imunitários e as vias de sinalização das plantas. Esses efetores impedem que a planta reconheça o fungo como uma ameaça, permitindo que ele persista nos tecidos da planta sem ser detectado (Giraldo & Valent, 2013). Como exemplo, o fungo Ustilago maydis, que causa o carvão do milho, liberta efetores que manipulam as funções das células hospedeiras, facilitando a desenvolvimento de galhas, uma caraterística das doenças do carvão (Skibbe et al., 2010).

Impacto nos rendimentos das culturas

O impacto dos fungos patogénicos na agricultura é profundo, com algumas doenças fúngicas a causarem graves perdas económicas em todo o mundo. Os agentes patogénicos fúngicos reduzem o rendimento das culturas danificando diretamente os tecidos vegetais e desviando os recursos das plantas para o combate à infeção em vez de para o crescimento e a reprodução. Por exemplo, o míldio tardio, causado pelo oomiceto Phytophthora infestans, levou à fome da batata irlandesa no século XIX e continua a ameaçar as culturas de batata e tomate a nível mundial (Fisher et al., 2012). Embora tecnicamente não seja um fungo verdadeiro, a P. infestans partilha muitas caraterísticas com os fungos patogénicos e é gerida utilizando estratégias semelhantes. Outro exemplo notável são as doenças da ferrugem, causadas por Puccinia spp. que afectam cereais como o trigo, a cevada e a aveia. A ferrugem do caule do trigo, causada por Puccinia graminis f. sp. tritici, tem sido um grande desafio para a produção mundial de trigo, tendo surgido nas últimas décadas estirpes novas e mais virulentas, como a raça Ug99. A propagação da Ug99 em África e na Ásia suscitou preocupações quanto à segurança alimentar, uma vez que esta raça é resistente à maioria das variedades de trigo atualmente em uso (Singh et al., 2011). Para além das ferrugens, outras doenças fúngicas, como o oídio (causado por Erysiphe spp.) e o míldio (causado por Pseudoperonospora cubensis em cucurbitáceas), têm impacto numa grande variedade de culturas, incluindo uvas, pepinos e alface. O oídio e o míldio cobrem a superfície das folhas, reduzindo a fotossíntese e prejudicando o crescimento das plantas. Estas doenças podem resultar em plantas atrofiadas, má qualidade dos frutos e rendimentos reduzidos, exigindo esforços de gestão dispendiosos, especialmente em culturas de elevado valor como as uvas (Gadoury et al., 2012). Os agentes patogénicos fúngicos também produzem micotoxinas, que representam riscos para a saúde humana e animal. Espécies de Aspergillus, Fusarium e Penicillium produzem toxinas que contaminam grãos, frutas e outros alimentos. As aflatoxinas, produzidas por

Aspergillus flavus e A. parasiticus, são potentes agentes cancerígenos que afectam culturas como o milho, os amendoins e os frutos secos, constituindo uma grande preocupação em termos de segurança alimentar. As culturas contaminadas têm de ser deitadas fora ou tratadas, o que leva a perdas financeiras para os agricultores e produtores de alimentos (Strosnider et al., 2006). As implicações económicas destas doenças são significativas, afectando não só o rendimento das culturas, mas também a sua comercialização e o potencial de exportação. Como resultado, os agentes patogénicos fúngicos representam um grande desafio para a produção alimentar, particularmente em regiões com acesso limitado a variedades de culturas resistentes a doenças ou a fungicidas eficazes.

Gestão e controlo de doenças

Para atenuar o impacto dos fungos patogénicos na agricultura, foram desenvolvidas várias estratégias de gestão, incluindo práticas biológicas, químicas e culturais. A gestão integrada das pragas (IPM) combina estas estratégias para proporcionar um controlo sustentável e eficaz dos agentes patogénicos das plantas.

Controlo químico

Os fungicidas químicos são utilizados há muito tempo para gerir as doenças fúngicas nas culturas. Os fungicidas, como o clorotalonil, a azoxistrobina e o mancozebe, são aplicados nos campos de cultivo para matar ou inibir o crescimento de agentes patogénicos fúngicos. Estes produtos químicos actuam visando processos fúngicos essenciais, como a respiração e a síntese da parede celular, impedindo assim a propagação do agente patogénico nos tecidos vegetais (Garrett et al., 2006). No entanto, a dependência excessiva de fungicidas pode levar ao desenvolvimento de estirpes resistentes aos fungicidas, reduzindo a eficácia do controlo químico ao longo do tempo.

O impacto ambiental dos fungicidas é outra preocupação, uma vez que podem afetar organismos não visados, incluindo fungos benéficos e micróbios do solo. Para resolver estas questões, os investigadores estão a desenvolver fungicidas com modos de ação mais específicos e a explorar produtos químicos de risco reduzido que se degradam rapidamente e têm um impacto ambiental mínimo. Por exemplo, os biopesticidas derivados de fontes naturais, como o óleo de neem e o quitosano, são cada vez mais utilizados como alternativas aos fungicidas sintéticos (Bailey et al., 2010). O controlo biológico envolve a utilização de inimigos naturais dos agentes patogénicos fúngicos, tais como microrganismos benéficos, para suprimir a doença. Os agentes de biocontrolo, incluindo certas bactérias (por exemplo, Bacillus subtilis) e fungos (por exemplo, Trichoderma spp.), podem inibir o crescimento de agentes patogénicos através de vários mecanismos, como a competição, a antibiose e o parasitismo. Por exemplo, as espécies de Trichoderma produzem enzimas que degradam as paredes celulares dos fungos, reduzindo eficazmente as populações de agentes patogénicos no solo (Harman et al., 2004).

Foi também demonstrado que os fungos Trichoderma estimulam as respostas imunitárias das plantas, tornando-as mais resistentes a infecções subsequentes. Esta abordagem de biocontrolo oferece uma alternativa sustentável e amiga do ambiente aos fungicidas químicos, particularmente para os agentes patogénicos transmitidos pelo solo. Além disso, certas bactérias e fungos podem ser aplicados como revestimentos de sementes ou emendas do solo, proporcionando às plantas uma proteção a longo prazo contra doenças (Woo et al., 2014).

Práticas culturais

As práticas culturais são componentes essenciais da gestão das doenças, uma vez que reduzem as condições que favorecem o crescimento e a infeção dos agentes patogénicos. A rotação de culturas, por exemplo, interrompe o ciclo de vida dos agentes patogénicos, alternando culturas hospedeiras com culturas não hospedeiras. Esta prática é particularmente eficaz na gestão de doenças transmitidas pelo solo, uma vez que impede que os agentes patogénicos se acumulem no solo ao longo do tempo (Garrett et al., 2006).

Outras práticas culturais incluem o saneamento (remoção de material vegetal doente), o ajuste das densidades de plantação para melhorar o fluxo de ar e a utilização de variedades de culturas resistentes a doenças. Desenvolver e plantar variedades resistentes é uma solução a longo prazo e rentável para gerir as doenças fúngicas, uma vez que estas plantas são criadas para resistir ou tolerar agentes patogénicos específicos. Por exemplo, os programas de melhoramento desenvolveram com sucesso variedades de trigo resistentes às doenças da ferrugem, embora o aparecimento de novas estirpes de agentes patogénicos continue a ser um desafio constante (Singh et al., 2011).

Resistência genética

Uma das estratégias de controlo de doenças mais promissoras é a utilização de variedades de plantas geneticamente resistentes. Através do melhoramento tradicional ou da engenharia genética, os investigadores podem desenvolver culturas com maior resistência a agentes patogénicos fúngicos específicos. Por exemplo, a utilização de genes de resistência (R), que reconhecem os agentes patogénicos e desencadeiam respostas imunitárias, tem sido eficaz na proteção de culturas como o trigo, o arroz e a soja contra várias doenças (Jones & Dangl, 2006).

A engenharia genética permitiu o desenvolvimento de plantas transgénicas que expressam proteínas antifúngicas, como quitinases e glucanases, que atacam diretamente os agentes patogénicos fúngicos. Embora as culturas transgénicas enfrentem desafios regulamentares e de aceitação pública, representam uma ferramenta poderosa para a gestão de doenças fúngicas na agricultura (Lorito et al., 2010). Além disso, os avanços na tecnologia de edição de genes CRISPR-

Cas9 oferecem novas possibilidades para aumentar a resistência às doenças nas culturas, permitindo modificações precisas dos genomas das plantas (Khan et al., 2019).

Os fungos na agricultura sustentável

Os fungos desempenham um papel crítico no avanço da agricultura sustentável, uma prática que dá prioridade à saúde ambiental, à rentabilidade económica e à equidade social. Devido às suas capacidades únicas no ciclo de nutrientes, no controlo de pragas e na melhoria da saúde do solo, os fungos servem como agentes essenciais para alcançar a sustentabilidade agrícola. As principais áreas em que os fungos contribuem para a agricultura sustentável incluem os fertilizantes biológicos, a remediação do solo e a supressão de pragas e doenças. Através destes mecanismos, os fungos não só melhoram o crescimento das plantas como também promovem a resiliência nos agro-ecossistemas, tornando-os componentes vitais de práticas agrícolas amigas do ambiente.

Fertilizantes biológicos e bioinoculantes

Os fertilizantes biológicos, também conhecidos como biofertilizantes, são inoculantes microbianos que facilitam a disponibilidade e a absorção de nutrientes pelas plantas. Entre os biofertilizantes, os fungos micorrízicos são particularmente valiosos. As associações micorrízicas são relações simbióticas entre fungos e raízes de plantas, nas quais o fungo aumenta a capacidade de aquisição de nutrientes da planta, enquanto a planta fornece hidratos de carbono ao fungo. Esta relação mutuamente benéfica é fundamental para a dinâmica dos nutrientes de muitos ecossistemas naturais e agrícolas (Gianinazzi et al., 2010). Os fungos micorrízicos, especialmente os fungos micorrízicos arbusculares (AM), são normalmente utilizados como bioinoculantes para promover a saúde e o crescimento das plantas. Os fungos AM colonizam as raízes das plantas e estendem as suas hifas para o solo, aumentando significativamente a superfície da raiz disponível para a absorção de nutrientes e água. Esta rede radicular alargada melhora a absorção de nutrientes essenciais, como o fósforo e o azoto, que são críticos para o crescimento das plantas, mas que são frequentemente limitados na disponibilidade no solo (Smith & Read, 2008). Além disso, os fungos micorrízicos segregam ácidos orgânicos e enzimas que decompõem compostos complexos do solo, libertando nutrientes em formas mais acessíveis às plantas (Smith et al., 2011). Por exemplo, a inoculação micorrízica mostrou benefícios significativos em espécies de culturas como o milho, o trigo e a soja, resultando num aumento da produtividade e numa menor dependência de fertilizantes sintéticos. A inoculação com fungos micorrízicos pode melhorar a absorção de fósforo, que é crucial para o desenvolvimento das raízes, a floração e a produção de sementes. Estudos demonstraram que as culturas inoculadas com fungos AM necessitavam de 30-50% menos fertilizante de fósforo, enquanto alcançavam rendimentos semelhantes aos das culturas não inoculadas, reduzindo assim os impactos ambientais associados à extração de fósforo e ao escoamento de fertilizantes (Jeffries et al., 2003). Para além da aquisição de nutrientes, os fungos micorrízicos melhoram a resistência das plantas a factores de stress ambiental. Por exemplo, em áreas propensas à seca, os fungos AM melhoram a absorção de água, aumentando a área de superfície para a absorção de água, permitindo que as plantas resistam à escassez de água de forma mais eficaz (Auge, 2001). Os fungos micorrízicos também ajudam as plantas a tolerar solos salinos, melhorando o equilíbrio iónico dentro das células vegetais e reduzindo a acumulação de sal nas raízes (Evelin et al., 2009). Estas propriedades tornam os fungos AM bioinoculantes valiosos para a agricultura sustentável, uma vez que reduzem a necessidade de insumos sintéticos e contribuem para uma agricultura resiliente e eficiente em termos de recursos.

Supressão de pragas e doenças

Além disso, Beauveria bassiana e Metarhizium anisopliae são fungos entomopatogénicos utilizados para controlar pragas de insectos, incluindo pulgões, lagartas e escaravelhos. Estes fungos infectam e matam os insectos penetrando no seu exoesqueleto, proliferando no interior do corpo do inseto e, em última análise, causando a mortalidade através de uma combinação de depleção de nutrientes e produção de toxinas. A Beauveria bassiana, em particular, tem demonstrado eficácia na gestão de populações de pragas em culturas como o milho, a soja e o algodão (Inglis et al., 2001). Uma vez que os fungos entomopatogénicos são altamente específicos para os seus insectos hospedeiros, proporcionam uma abordagem orientada para a gestão de pragas que minimiza os danos para os insectos benéficos e polinizadores, como as abelhas.

Os agentes de biocontrolo fúngico podem também aumentar a imunidade das plantas através de mecanismos de resistência sistémica induzida (ISR). Por exemplo, as espécies de Trichoderma não só protegem diretamente as plantas dos agentes patogénicos, como também desencadeiam respostas imunitárias no interior da planta, o que a prepara para responder de forma mais robusta a futuros ataques (Shoresh et al., 2010). Este fenómeno é semelhante a um efeito de "vacina" da planta, em que a exposição a fungos benéficos aumenta a resistência da planta contra uma série de agentes patogénicos, contribuindo para a saúde e resiliência da planta a longo prazo.

A utilização de fungos para a supressão de doenças e pragas está alinhada com os princípios da gestão integrada de pragas (IPM), uma abordagem que combina métodos de controlo biológico, cultural, mecânico e químico para gerir as pragas de uma forma ambientalmente responsável. Ao incorporar agentes de biocontrolo fúngico nos sistemas IPM, os agricultores podem reduzir o uso de pesticidas sintéticos, baixar os custos de produção e apoiar a biodiversidade nas paisagens agrícolas.

Benefícios dos fungos na agricultura sustentável

Os benefícios dos fungos na agricultura sustentável vão para além de funções individuais como a aquisição de nutrientes, a remediação do solo e o controlo de pragas. Os fungos contribuem para a saúde geral e a resiliência dos sistemas agrícolas, tornando-os componentes integrais das práticas agrícolas sustentáveis.

Melhoria do rendimento e da qualidade das culturas

A utilização de bioinoculantes fúngicos e de agentes de biocontrolo traduz-se frequentemente em maiores rendimentos das culturas e numa melhor qualidade. Ao aumentar a disponibilidade de nutrientes, melhorar a absorção de água e reduzir a pressão das doenças, os fungos ajudam as plantas a afetar mais recursos ao crescimento e à reprodução. Por exemplo, estudos mostraram que a inoculação micorrízica em plantas de tomate e pimento pode levar a maiores rendimentos de frutos, melhor qualidade dos frutos e maior teor de nutrientes (Gianinazzi et al., 2010). Estas melhorias não só beneficiam economicamente os agricultores, como também contribuem para a segurança alimentar, aumentando a produtividade dos sistemas agrícolas sustentáveis.

Impacto ambiental reduzido

Ao reduzir a dependência de fertilizantes e pesticidas sintéticos, os fungos contribuem para a diminuição da poluição agrícola, das emissões de gases com efeito de estufa e da contaminação do solo e da água. Os fertilizantes sintéticos, especialmente os à base de azoto, são intensivos em energia para produzir e libertam óxido nitroso, um potente gás com efeito de estufa, durante a aplicação. Os inoculantes micorrízicos podem reduzir a necessidade destes fertilizantes, aumentando a absorção de nutrientes, reduzindo assim a pegada de carbono das operações agrícolas (Smith & Smith, 2011). Do mesmo modo, a utilização de agentes de biocontrolo fúngicos ajuda a minimizar os riscos ecológicos e para a saúde associados aos pesticidas químicos, protegendo a saúde do solo e apoiando a biodiversidade nos ecossistemas agrícolas.

Melhoria da saúde e da resiliência do solo

Um solo saudável é a base da agricultura sustentável, e os fungos são essenciais para manter e melhorar a qualidade do solo. Através do seu papel na decomposição da matéria orgânica, no ciclo de nutrientes e na formação da estrutura do solo, os fungos melhoram a fertilidade do solo, a retenção de água e a resistência à erosão. As redes hifais dos fungos micorrízicos, por exemplo, aumentam a agregação do solo, o que evita a sua degradação e melhora o crescimento das raízes (Rillig & Mummey, 2006). Além disso, a capacidade dos fungos para remediar solos poluídos ajuda a restaurar terras degradadas, tornando-as novamente adequadas para a produção de culturas.

Aumento da resistência das plantas ao stress

Os fungos também contribuem para a resiliência das plantas em condições ambientais variáveis, como a seca, a salinidade e as flutuações de temperatura. Os fungos micorrízicos e endofíticos, por exemplo, melhoram a tolerância das plantas ao stress abiótico, aumentando a absorção de água e nutrientes, protegendo as células do stress oxidativo e mantendo o equilíbrio osmótico nos tecidos vegetais (Rodriguez et al., 2009). À medida que as alterações climáticas se intensificam, o papel dos fungos na ajuda à adaptação das culturas a condições extremas torna-se cada vez mais importante para a manutenção da produtividade agrícola.

Desafios e direcções futuras

Embora os fungos ofereçam benefícios substanciais para a agricultura sustentável, vários desafios limitam a sua adoção generalizada. Um dos desafios é a variabilidade na eficácia dos fungos, uma vez que o sucesso dos bioinoculantes fúngicos e dos agentes de biocontrolo pode depender de factores ambientais como o tipo de solo, a temperatura e os níveis de humidade. Estão em curso esforços de investigação para desenvolver estirpes de fungos que sejam mais resistentes à variabilidade ambiental e para compreender como os microbiomas do solo afectam o desempenho dos fungos (Verbruggen et al., 2013). Outro desafio é o custo e a disponibilidade de inoculantes fúngicos, particularmente para pequenos agricultores em regiões em desenvolvimento. O aumento da produção e distribuição de produtos fúngicos, bem como a formação sobre a sua correta aplicação, serão essenciais para tornar estas tecnologias acessíveis a um maior número de agricultores. Além disso, os obstáculos regulamentares e as questões de perceção pública em torno da utilização de produtos microbianos na agricultura podem ter de ser resolvidos para incentivar a adoção de agentes de biocontrolo e biofertilizantes fúngicos.

A investigação futura e os avanços tecnológicos oferecem soluções promissoras para estes desafios. Os avanços na genómica e na biotecnologia permitiram aos investigadores identificar e melhorar as caraterísticas benéficas dos fungos, tais como uma maior tolerância aos factores de stress ambiental e uma maior eficácia como bioinoculantes. Por exemplo, a engenharia genética e as abordagens de reprodução selectiva estão a ser exploradas para desenvolver estirpes de fungos com caraterísticas optimizadas para culturas e ambientes específicos (Jin et al., 2013). Além disso, o interesse crescente na agricultura regenerativa e na saúde do solo fornece uma base sólida para a integração de práticas baseadas em fungos na agricultura convencional.

Avanços na investigação sobre as interações fungo-planta

Nas últimas décadas, a investigação sobre as interações entre fungos e plantas registou progressos significativos, revelando mecanismos complexos através dos quais os fungos e as plantas interagem para apoiar o crescimento mútuo, a resiliência e a adaptação às pressões ambientais. Os avanços nas técnicas moleculares, na genómica e na biotecnologia têm sido fundamentais para desvendar os meandros da simbiose dos fungos com as plantas e aproveitar estas interações para benefícios agrícolas e ecológicos. Esta secção explora o papel das ferramentas moleculares modernas no estudo da simbiose fúngica, as descobertas recentes na genética fúngica que influenciam as interações com as plantas e o potencial das aplicações biotecnológicas para otimizar as soluções baseadas em fungos para o melhoramento das culturas.

Técnicas moleculares e genómica

O advento das técnicas moleculares e da genómica de alto rendimento expandiu drasticamente a nossa compreensão da simbiose fungo-planta, permitindo uma investigação detalhada dos processos genéticos, celulares e bioquímicos a nível molecular (Martin et al., 2008). Estas ferramentas permitiram aos investigadores identificar genes específicos e redes reguladoras envolvidas nas interações simbióticas, oferecendo conhecimentos sobre a forma como os fungos e as plantas comunicam e cooperam para benefício mútuo.

Sequenciação de genes e transcriptómica

A tecnologia de sequenciação de genes, em particular a sequenciação de nova geração (NGS), tem sido fundamental para desvendar a base genética das interações fungo-planta. Ao sequenciar os genomas de fungos simbióticos como Laccaria bicolor e Rhizophagus irregularis, os investigadores identificaram famílias de genes que desempenham papéis cruciais na troca de nutrientes, tolerância ao stress e colonização de raízes (Tisserant et al., 2013). A transcriptómica, que examina os perfis de expressão dos genes, revelou ainda como os fungos e as plantas ajustam a sua expressão genética em resposta uns aos outros. Por exemplo, em fungos micorrízicos arbusculares (AM), certos genes são regulados positivamente durante a colonização da raiz, aumentando o transporte de fosfato para a   planta hospedeira (Bücking & Kafle, 2015).

Proteómica e Metabolómica.

A proteómica e a metabolómica complementam a genómica, fornecendo informações sobre as proteínas e os metabolitos que medeiam as interações fungo-planta. As análises proteómicas identificaram proteínas fúngicas que desempenham papéis na fixação das raízes, na degradação da parede celular e na imunossupressão (Guether et al., 2009). A metabolómica revelou que os fungos produzem uma vasta gama de moléculas sinalizadoras, tais como estrigolactonas e fitohormonas, que influenciam o crescimento das plantas e as respostas ao stress (Lanfranco et al., 2016). Estas abordagens ómicas ajudam os investigadores a compreender a "linguagem" bioquímica da simbiose, conduzindo a potenciais aplicações na biotecnologia agrícola.

CRISPR e edição de genes

O sistema de edição de genes CRISPR-Cas9 abriu novas possibilidades para o estudo e a manipulação das interações entre fungos e plantas. Ao permitir edições precisas em genes específicos, o CRISPR permite aos investigadores investigar as funções de genes individuais na simbiose. Por exemplo, o CRISPR tem sido utilizado para eliminar genes em fungos AM para examinar o seu papel no transporte de nutrientes e nas vias de sinalização do hospedeiro (Fujita et al., 2020). Esta tecnologia também é promissora para o desenvolvimento de fungos geneticamente modificados com capacidades melhoradas para promover o crescimento das plantas ou proteger contra agentes patogénicos, potencialmente levando a biofertilizantes e agentes de biocontrolo mais eficientes.

Papel da genética fúngica na interação entre plantas

A investigação genética revelou que as interações entre fungos e plantas são reguladas por redes complexas de genes em ambos os parceiros, que coordenam as respostas a sinais ambientais, disponibilidade de nutrientes e factores de stress. As descobertas no domínio da genética dos fungos permitiram compreender como a expressão dos genes nos fungos simbióticos influencia a sua capacidade de colonizar as raízes das plantas, adquirir e transportar nutrientes, as espécies, um grupo de fungos benéficos, produzem auxinas e citocininas que aumentam a ramificação das raízes e a absorção de nutrientes pelas plantas (Contreras-Cornejo et al., 2009). Além disso, alguns fungos produzem moléculas de sinalização que imitam as hormonas vegetais, permitindo-lhes manipular a fisiologia das plantas e estabelecer um ambiente favorável à simbiose. A investigação sobre estas interações hormonais tem mostrado potencial para aplicações biotecnológicas, particularmente no desenvolvimento de estirpes de fungos com propriedades promotoras de crescimento melhoradas.

Aplicações biotecnológicas

Os avanços na compreensão das interações fungo-planta conduziram a várias aplicações biotecnológicas promissoras que aproveitam os benefícios dos fungos para melhorar a resiliência das culturas, aumentar o rendimento e reduzir a dependência de fertilizantes químicos e pesticidas. Estas aplicações são particularmente relevantes para a agricultura sustentável, uma vez que se centram em métodos naturais para aumentar a produtividade e a resistência das plantas.

Desenvolvimento de biofertilizantes

Os fungos micorrízicos estão a ser cada vez mais utilizados como biofertilizantes, fornecendo às plantas nutrientes essenciais e promovendo o crescimento sem fertilizantes químicos. Por exemplo, a inoculação com fungos micorrízicos arbusculares pode aumentar a disponibilidade de fósforo, reduzir a necessidade de fertilizantes fosfatados e melhorar o crescimento das plantas em solos pobres em nutrientes (Smith & Read, 2008). Os biofertilizantes fúngicos são especialmente úteis na agricultura biológica e na agricultura sustentável, uma vez que oferecem uma alternativa ecológica aos fertilizantes sintéticos (Gianinazzi et al., 2010). A biotecnologia está a ajudar a melhorar a eficácia dos biofertilizantes fúngicos através da seleção de estirpes de fungos com elevada eficiência de absorção de nutrientes ou da engenharia de fungos para tolerar condições ambientais mais adversas.

Bioremediação e recuperação da saúde do solo

Os fungos têm uma capacidade inata para decompor a matéria orgânica e remediar os solos poluídos por metais pesados, pesticidas e outros contaminantes. Por exemplo, algumas espécies de fungos podem metabolizar hidrocarbonetos, pesticidas e outros compostos tóxicos, ajudando a limpar solos contaminados e a melhorar a saúde do solo (Harms et al., 2011). Os fungos micorrízicos, em particular, são benéficos para a fitorremediação, uma vez que ajudam as plantas a tolerar níveis elevados de poluentes, ao mesmo tempo que aumentam o crescimento das raízes e a absorção de nutrientes. A investigação está a explorar o potencial de modificar geneticamente os fungos para melhorar ainda mais as suas capacidades de biorremediação, conduzindo potencialmente a estratégias mais eficazes de restauração do solo.

Agentes de Biocontrolo

Os fungos também são valiosos como agentes de biocontrolo, uma vez que podem suprimir naturalmente os agentes patogénicos e as pragas prejudiciais. Por exemplo, certas espécies de Trichoderma actuam como agentes de controlo biológico, produzindo compostos antimicrobianos que protegem as plantas de agentes patogénicos transmitidos pelo solo, como Rhizoctonia e Pythium (Harman et al., 2004). Estes fungos de biocontrolo oferecem uma alternativa aos pesticidas químicos, reduzindo o impacto ambiental da gestão de pragas, ao mesmo tempo que fornecem proteção natural às culturas. A investigação biotecnológica centra-se no reforço do potencial de biocontrolo destes fungos através da seleção ou engenharia de estirpes com maior resistência a agentes patogénicos, melhores capacidades de colonização e maior compatibilidade com várias espécies de culturas (Whipps, 2001).

Engenharia genética de fungos para uma simbiose melhorada

A engenharia genética está a ser utilizada para melhorar as propriedades simbióticas dos fungos, adaptando-os às necessidades específicas das culturas e às condições ambientais. Por exemplo, as modificações genéticas podem melhorar a eficiência da absorção de nutrientes, a tolerância à seca ou a resistência aos agentes patogénicos do solo. O sistema CRISPR-Cas9, em particular, possibilitou a edição precisa de genes, permitindo que os cientistas modificassem genes específicos em fungos para aumentar sua compatibilidade com as culturas (Fujita et al., 2020). Estes fungos modificados têm potencial para utilização em vários sistemas agrícolas, oferecendo apoio direcionado para o crescimento e resiliência das plantas em condições difíceis, tais como solos salinos ou ambientes com baixo teor de fósforo.

Avanços nas bases de dados genómicas e na genómica funcional

A criação de bases de dados genómicos para vários fungos e os avanços na genómica funcional aceleraram a investigação sobre as interações fungo-planta. Os projectos de sequenciação em grande escala e as bases de dados públicas, como o recurso de genómica fúngica MycoCosm, fornecem aos investigadores acesso a uma grande quantidade de informação genética, facilitando a descoberta de genes envolvidos na absorção de nutrientes, tolerância ao stress e modulação imunitária (Grigoriev et al., 2014). Estes recursos permitem estudos genómicos comparativos e funcionais em diferentes espécies de fungos, ajudando os investigadores a identificar caraterísticas benéficas que podem ser aproveitadas em aplicações agrícolas. A genómica funcional, em particular, permite que os cientistas compreendam como os genes específicos contribuem para a simbiose e o crescimento das plantas, orientando os esforços para selecionar ou desenvolver fungos para necessidades agrícolas específicas.

CONCLUSÃO

Os fungos desempenham papéis multifacetados e essenciais no desenvolvimento das plantas, com impacto em quase todos os aspectos do seu crescimento, saúde e adaptação. Desde a formação de intrincadas relações simbióticas que facilitam a troca de nutrientes até ao apoio às plantas na resistência ao stress, os fungos são parte integrante dos ecossistemas e da sustentabilidade agrícola. Através de associações mutualistas como os fungos micorrízicos, as plantas ganham acesso a nutrientes vitais como o fósforo e o azoto, aumentando significativamente o seu crescimento e produtividade. Os fungos contribuem para o ciclo de nutrientes e para a saúde do solo, decompondo a matéria orgânica para enriquecer o solo com minerais essenciais e compostos orgânicos, que melhoram a estrutura e a fertilidade do solo. Além disso, os fungos promovem uma maior tolerância a stresses abióticos, como a seca e a salinidade, melhorando a absorção de água e a disponibilidade de nutrientes, e a stresses bióticos, produzindo compostos que combatem os agentes patogénicos. Em contextos agrícolas, os contributos dos fungos estendem-se à fertilização biológica e à gestão de pragas. Os fungos micorrízicos e outras espécies simbióticas servem como biofertilizantes, reduzindo a necessidade de fertilizantes sintéticos e contribuindo para práticas agrícolas mais sustentáveis. Além disso, certos fungos actuam como agentes de biocontrolo, produzindo compostos antimicrobianos ou induzindo resistência sistémica nas plantas, minimizando assim a utilização de pesticidas químicos. Na bioremediação, os fungos são capazes de decompor poluentes e remediar solos contaminados, tornando-os inestimáveis para os esforços de restauração ecológica e melhoria da saúde do solo. Os avanços na biologia molecular, genómica e biotecnologia revelaram a base genética destas funções, revelando potenciais vias para melhorar e otimizar as aplicações dos fungos na agricultura. No entanto, o potencial total dos fungos no desenvolvimento das plantas e na agricultura continua largamente inexplorado. A investigação futura deve centrar-se em várias áreas-chave para aproveitar ainda mais os fungos na agricultura, conservação e resiliência climática. Em primeiro lugar, são necessários mais estudos para compreender os mecanismos moleculares das interações simbióticas a níveis mais finos, especialmente no que diz respeito à forma como genes específicos e vias de sinalização facilitam a troca de nutrientes e a tolerância ao stress. Técnicas como o CRISPR e a edição de genes oferecem a possibilidade de conceber ou selecionar fungos com capacidades melhoradas, o que poderia levar a estirpes adaptadas a culturas ou condições ambientais específicas. Além disso, é necessário mais trabalho para compreender o papel dos fungos na resiliência climática. Tendo em conta os desafios colocados pelas alterações climáticas, a investigação deve dar prioridade à identificação de espécies de fungos e de genes que possam ajudar as plantas a resistir a condições meteorológicas extremas, ao calor, à seca e à salinidade do solo. É também crucial alargar a diversidade das espécies de fungos estudadas. Grande parte da investigação tem-se centrado em alguns fungos simbióticos bem conhecidos, mas a exploração de espécies menos conhecidas pode revelar novas caraterísticas funcionais e aplicações. Os fungos endofíticos, por exemplo, são promissores na promoção do crescimento e da resistência das plantas, mas ainda são pouco explorados na investigação agrícola. A ênfase deve também ser colocada na aplicação prática dos fungos em sistemas agrícolas de larga escala, incluindo estratégias para inocular culturas com fungos benéficos de forma economicamente viável para os agricultores. Testar os fungos em diferentes solos, climas e sistemas de culturas fornecerá informações valiosas sobre a sua adaptabilidade e eficiência em diversas paisagens agrícolas. Além disso, a colaboração entre instituições académicas, indústria e agricultores é essencial para traduzir os resultados da investigação em soluções práticas que beneficiem os sistemas agrícolas a nível global. O desenvolvimento de bases de dados genómicas abrangentes e de plataformas acessíveis para a partilha de dados de investigação sobre fungos pode acelerar as descobertas e as inovações. Finalmente, as políticas e os incentivos que encorajam práticas agrícolas sustentáveis, incluindo a utilização de fungos como biofertilizantes e agentes de biocontrolo, apoiarão a integração de soluções baseadas em fungos na agricultura convencional. Os fungos oferecem soluções promissoras, sustentáveis e ecológicas para alguns dos desafios mais prementes na agricultura e na conservação. Ao continuar a explorar e otimizar estas aplicações, os investigadores, agricultores e decisores políticos podem aproveitar coletivamente todo o potencial dos fungos para criar sistemas agrícolas resilientes que apoiem a segurança alimentar, a conservação ambiental e a adaptação climática.

REFERÊNCIAS

1. Agrios, G. N. (2005). Fitopatologia (5ª ed.). Elsevier.

2. Aroca, R., et al. (2008). Simbiose micorrízica e tolerância das plantas à seca. Planta e Solo, 311(1-2), 49-64.

3. Arnold, A. E. (2007). Fungos endofíticos: componentes ocultos da ecologia de comunidades tropicais. Revisão Anual de Ecologia, Evolução e Sistemática, 38, 717-740.

4. Balestrini, R., & Bonfante, P. (2014). Explorando comunidades em rede abaixo do solo. Tendências em Ciências Vegetais, 19(10), 599-606.

5. Bücking, H., & Kafle, A. (2015). Papel dos fungos micorrízicos arbusculares na absorção de nitrogênio pelas plantas. Biologia e Bioquímica do Solo, 80, 234-247.

6. Contreras-Cornejo, H. A., et al. (2009). Trichoderma virens, um fungo benéfico para as plantas, aumenta a produção de biomassa em Arabidopsis através de um mecanismo dependente de auxina. New Phytologist, 183(3), 831-839.

7. Fujita, M., et al. (2020). A tecnologia CRISPR acelera o estudo da simbiose fúngica. Fisiologia Vegetal, 182(3), 1027-1040.

8. Fisher, M. C., et al. (2012). Ameaças fúngicas emergentes à saúde dos animais, plantas e ecossistemas. Nature, 484, 186-194.

9. Gianinazzi, S., et al. (2010). Tecnologia micorrízica na agricultura: Dos genes aos bioprodutos. Soil Biology and Biochemistry, 42(4), 526-529.

10. Garcia-Garrido, J. M., & Ocampo, J. A. (2002). Regulação da resposta de defesa da planta na simbiose micorrízica arbuscular. Journal of Experimental Botany, 53(373), 1377-1386.

11. Guether, M., et al. (2009). The arbuscular mycorrhizal symbiosis: signalling, gene expression, and cellular compatibility. Phytochemistry, 70(11-12), 1345-1352.

12. Harms, H., et al. (2011). Biorremediação de ambientes contaminados por fitorremediação assistida por fungos. Microbial Biotechnology, 4(4), 614-625.

13. Harman, G. E., et al. (2004). Trichoderma species-opportunistic, avirulent plant symbionts. Nature Reviews Microbiology, 2(1), 43-56.

14. Kloppholz, S., et al. (2011). Um efector do fungo micorrízico Glomus intraradices promove a compatibilidade simbiótica. Current Biology, 21(14), 1204- 1209.

15. Lanfranco, L., et al. (2016). Explorando o metaboloma de fungos micorrízicos arbusculares. Planta e Solo, 420(1-2), 291-305.

16. Martin, F., et al. (2008). O genoma de Laccaria bicolor fornece informações sobre a simbiose micorrízica. Nature, 452(7183), 88-92.

17. Pozo, M. J., & Azcón-Aguilar, C. (2007). Unraveling mycorrhiza-induced resistance. Opinião Atual em Biologia Vegetal, 10(4), 393-398.

18. Plett, J. M., et al. (2014). Uma proteína efetora secretada de Laccaria bicolor é necessária para o desenvolvimento da simbiose. New Phytologist, 202(1), 238-252.

19. Redman, R. S., et al. (2002). Desempenho no campo de variedades de arroz infectadas com fungos mutualistas. Symbiosis, 32(3), 185-195.

20. Rodriguez, R. J., et al. (2009). Endófitos fúngicos e tolerância ao stress abiótico nas plantas. Opinião atual em Biologia Vegetal, 12(4), 450-456.

21. Smith, S. E., & Read, D. J. (2008). Mycorrhizal Symbiosis (3ª ed.). Academic Press.

22. Tisserant, E., et al. (2013). O genoma de um fungo micorrízico arbuscular fornece informações sobre a simbiose vegetal mais antiga. Actas da Academia Nacional das Ciências, 110(50), 20117-20122.

23. Van Der Heijden, M. G., et al. (2008). A meta-analysis of context-dependency in plant response to mycorrhizal fungi. Ecology Letters, 11(5), 280-289.

24. Whipps, J. M. (2001). Microbial interactions and biocontrol in the rhizosphere. Journal of Experimental Botany, 52(s1), 487-511.

25. Zhu, H., et al. (2016). A regulação da expressão gênica na simbiose mutualística entre fungos e plantas. New Phytologist, 211(4), 1401-1410.

ÍNDICE

yes

I want morebooks!

Buy your books fast and straightforward online - at one of world's fastest growing online book stores! Environmentally sound due to Print-on-Demand technologies.

Buy your books online at
www.morebooks.shop

Compre os seus livros mais rápido e diretamente na internet, em uma das livrarias on-line com o maior crescimento no mundo! Produção que protege o meio ambiente através das tecnologias de impressão sob demanda.

Compre os seus livros on-line em
www.morebooks.shop

info@omniscriptum.com
www.omniscriptum.com

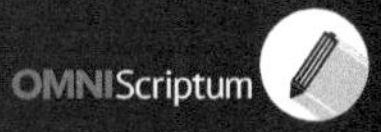

Printed by Books on Demand GmbH, Norderstedt / Germany